国家地质公园

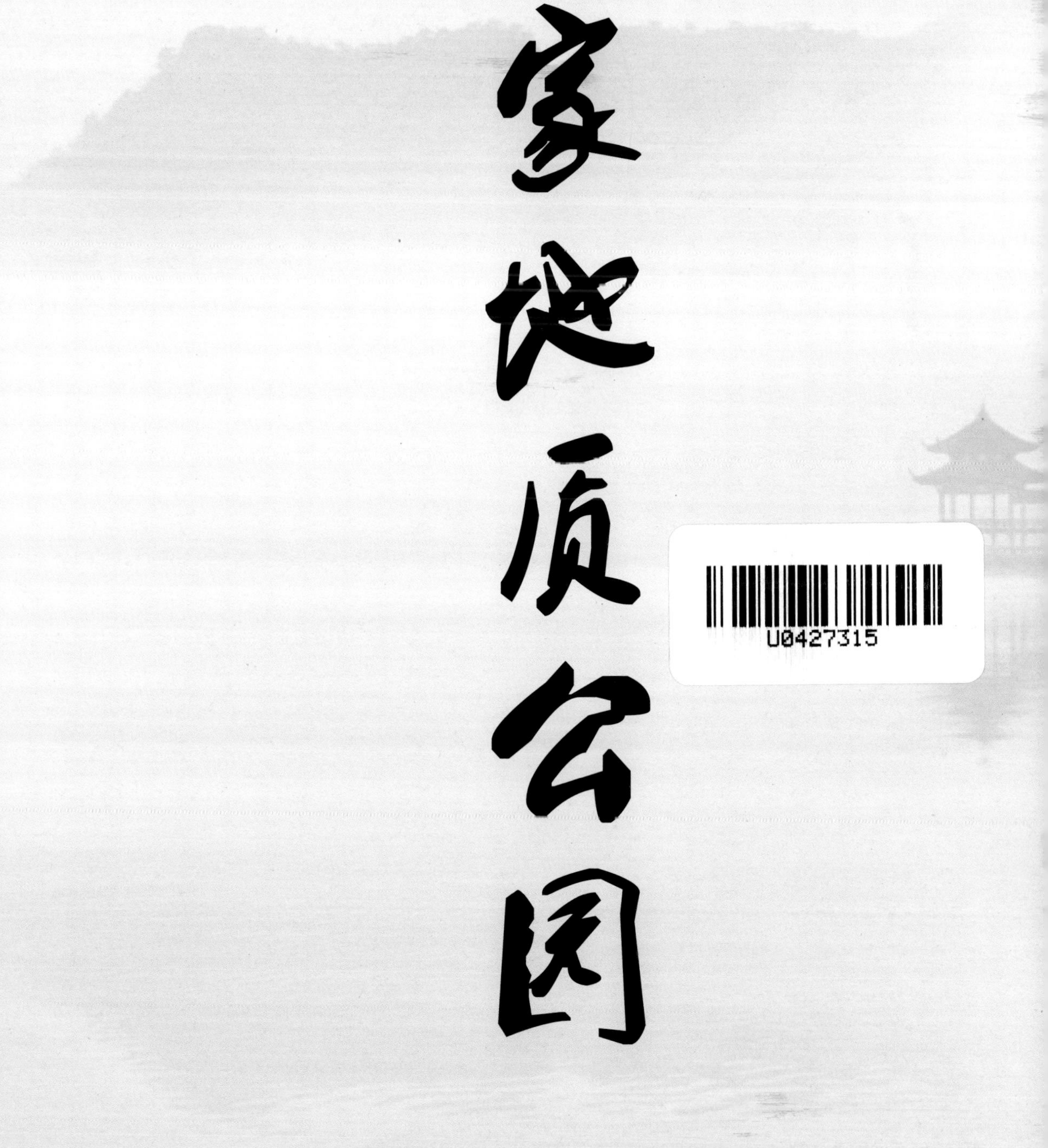

重庆市规划和自然资源局科普系列丛书

山水之城·美丽之地
地质公园·矿山公园

SHANSHUI ZHI CHENG · MEILI ZHI DI

DIZHI GONGYUAN · KUANGSHAN GONGYUAN

陈　思　马　磊　阳　畅　甘　夏
杨　瀚　廖云平　赵　幸　钟明洋　编著
彭海游　李满意

中国地质大学出版社
ZHONGGUO DIZHI DAXUE CHUBANSHE

图书在版编目（CIP）数据

山水之城·美丽之地　地质公园·矿山公园 / 陈思等编著. —武汉:中国地质大学出版社， 2018.10
ISBN 978-7-5625-4354-1

Ⅰ.①山…
Ⅱ.①陈…
Ⅲ.①地质-国家公园-介绍-重庆
Ⅳ.①S759.93

中国版本图书馆CIP数据核字（2018）第243350号

山水之城·美丽之地　地质公园·矿山公园　　陈　思　等编著

责任编辑：王凤林　　责任校对：徐蕾蕾

出版发行：中国地质大学出版社（武汉市洪山区鲁磨路388号）　　邮编：430074
电话：（027）67883511　　传真：67883580　　E-mail：cbb@cug.edu.cn
经销：全国新华书店　　http：//cugp.cug.edu.cn

开本：787毫米×1092毫米　1/12　　字数：357千字　　印张：14.5
版次：2018年10月第1版　　印次：2018年10月第1次印刷
印刷：武汉中远印务有限公司　　印数：1—6000册

ISBN　978-7-5625-4354-1　　定价：168.00元

编辑委员会

序言

2016年5月30日，在全国科技创新大会、两院院士大会、中国科协第九次全国代表大会上，习近平总书记强调："科技创新和科学普及是实现创新发展的两翼，要把科学普及放在与科技创新同等重要的位置。"同年12月8日国土资源部发布的《国土资源"十三五"科学技术普及实施方案》中指出，科普工作正面临重要的发展机遇期，国土资源科普工作亟待加强。在对美好生活需要日益增长的今天，人们对科学知识的渴求也更加强烈，因此也对新时代的科普工作有了更高的需求。重庆市规划和自然资源局积极响应号召，组织开展了多项地学科普建设工作，并牵头编制了《重庆市规划与自然资源局科普系列丛书》，本书为丛书之一。

"行千里　致广大"，重庆如今正是无数人心中诗与远方的美好所在。在这里，能享天地之大美，赏山水之神韵，感人文之魅力，品人间之美味。在重庆成千上万的旅游资源中，有两类公园内涵丰富，韵味十足，那就是"地质公园"和"矿山公园"，其景观资源被对应地称为"地质遗迹"和"矿业遗迹"。

按照地质遗迹景观资源的科学价值和管理等级，地质公园分为三级：世界地质公园、国家地质公园和省级地质公园，分别由联合国教科文组织、自然资源部（原国土资源部）及各省（自治区、直辖市）国土资源行政主管部门负责审批命名。矿山公园设置国家级矿山公园和省级矿山公园，其中国家矿山公园现由自然资源部审定并公布。

目前，重庆已有国家地质公园8处，市级地质公园1处。重庆地质公园中的地质遗迹以岩溶景观为主体，兼具河流地貌景观，融古生物化石景观为一体，包罗了地质遗迹分类中的大部分类型，种类丰富，保存完整，科研价值与审美禀赋极高。部分地质遗迹在全球范围具有独特性与唯一性，更多地质遗迹则是不可多得的旅游景观资源。地质遗迹中的山雄奇而秀丽，既有磅礴的大巴山，也有逶迤的武陵山；既有巍峨的华蓥山，也有旖旎的仙女山。这些高山峡谷，无不是历次造山运动的杰作，搭建了山水之都、美丽重庆的骨架。地质遗迹中的水，蜿蜒而奔腾。百里画廊般的乌江，柔美绵长的芙蓉江，曲折雄伟的合川三江，承载着历史记忆的郁山飞盐泉，集中出露的巴南地热资源，与多姿多彩的民族风情文化融会贯通，塑造了山水之都、美丽重庆的血脉。青山绿水之间，在喀斯特洞群之内，雪藏着无数珍稀、壮观的地质遗迹。它们或沉睡于深山峡谷，或久藏于洞穴深处，默默期盼着横空出世、惊艳天下的一天。

目前，重庆市已有国家矿山公园3处，且均处于规划建设期，预计在2年后正式建成并开放游览。重庆矿山公园开采历史悠久，人文底蕴厚重，其矿业遗迹不仅充分展示了矿产地质内涵，还为我们定格了祖辈关于矿业开采的历史画面。

本书立足地学科普，以我市8家国家地质公园、1家市级地质公园、3家拟建市级地质公园和3家矿山公园为载体，从地学的角度针对园区内典型地质、矿业遗迹景观的成景年代、结构构造、形成演化过程等进行科学分析，并通过形象化的图片、建模以及通俗化的文字将复杂的地球科学知识普及于众。在辅助地质公园实现其科普工作职能的同时，也是重庆市规划和自然资源局全力推动地学科普事业的重要成果之一，有助于为重庆旅游资源的提档升级打好基础，进而更好地服务于全域旅游、乡村振兴、精神文明建设和生态文明建设。

由于编著者水平所限，书中或存疏漏不当之处，恳请读者朋友见谅！

陈　思

于重庆地质矿产研究院

2018年11月

目录

重庆武隆岩溶国家地质公园

Chongqing Wulong Karst National Geopark

重庆武隆岩溶国家地质公园

重庆武隆岩溶国家地质公园于2004年获国土资源部批准，位于重庆市武隆区境内，总面积为$171.80km^2$，分为天生三桥和芙蓉江芙蓉洞两个园区。公园属全国罕见的大型岩溶地质公园，其溶洞群、天坑群、天生桥群、竖井群、峡谷、地缝、石林、石芽、峰丛、峰林、地下伏流、间歇泉、温泉分布十分广泛，组合十分完好，种类十分齐全，享有“中国地质奇观旅游之乡”的美誉。

▷岩溶峡谷——天生桥

重庆武隆岩溶国家地质公园内的四大奇观

规模宏大的天生桥群——武隆天生桥群

面积巨大的天坑——武隆中石院天坑

珍稀精美的洞穴沉积物——芙蓉洞“五绝”

亚洲最深的竖井群——武隆天星竖井群

△天生桥——天龙桥

△后坪天坑群——箐口天坑

武隆天生桥群

重庆武隆“天生三桥”为天龙桥、青龙桥和黑龙桥，是亚洲最大的天生桥群。天龙桥桥高 235m，桥厚 150m；青龙桥桥高 281m，桥厚 168m；黑龙桥桥高 223m，桥厚 107m。三座天然石拱桥呈纵向排列，平行横跨在羊水河峡谷之上，将两岸山体连在一起。

▽天生桥

◁青龙桥

▷黑龙桥

武隆中石院天坑

中石院天坑口部北北东向长697m，南东东向宽555m，口部面积为$27.82\times10^4m^2$，是世界上口部面积最大的天坑。因其轮廓形如爱心，又有“大地之心”的美誉。

中石院天坑与其姊妹天坑下石院天坑内居住着50多户土家族和苗族原住民，拥有7位国家级非物质文化传承人和12项国家级非物质文化遗产。

▽中石院天坑

武隆芙蓉洞

武隆芙蓉洞被称作“洞穴科学博物馆”，也被评为“中国最美的游览洞穴”第二名。芙蓉洞主洞长2700m，总面积37 000m^2，其中“辉煌大厅”面积11 000m^2，最为壮观。洞内钟乳石类型几乎包括世界各类洞穴近30余个种类的沉积特征。洞内的“生命之源”“巨幕飞爆”“珊瑚瑶池”“石花之王”“犬牙晶花池”并称为芙蓉洞“五绝”，被世界洞穴专家誉为“斑斓辉煌的地下艺术宫殿”。

△石枝——犬牙晶花

▽石笋——生命之源

▽石膏花——石花之王

▽石瀑——巨幕飞瀑

晶花——珊瑚瑶池

▽ 武隆天星竖井群

武隆天星竖井群位于芙蓉江靠近乌江汇入口的峡谷段，有 56 处竖井，45 个洞穴，9 个落水洞，累计洞穴长度 30km，竖井深度 8km。竖井群体分布数量和深度在中国尚无二例，为亚洲最深的竖井群。

重庆黔江小南海国家地质公园

Chongqing Qianjiang Xiaonanhai National Geopark

重庆黔江小南海国家地质公园

重庆黔江小南海国家地质公园于 2004 年获国土资源部批准，地处重庆东南缘黔江区的北部，面积为 104.57km^2，分为小南海、后坝、八面山 3 个景区。

小南海美景

小南海美景

重庆黔江小南海国家地质公园是一座以地震遗迹景观为主，岩溶地貌、江河山水风景、民族风情与文化胜迹等景观资源融为一体的综合大型国家地质公园。公园特色为地震遗迹景观，公园的地震崩塌体（大、小垮岩）、滚石坝（海口大坝）、堰塞湖（小南海）、水下森林、淹没山峰（牛背岛、朝阳岛、老鹳坪岛）、断裂带（黔江断裂）、地表裂缝、山体变形迹象等保存完整，地震的各种地面破坏要素齐备，记录地震运动程序清晰，是迄今为止我国保存最为完整的地震遗址，美誉“世界罕见，中国唯一”。

▷地震滚石

小南海是由于地震时山崩岩塌、溪流堵塞而形成的地震堰塞湖，是目前中国国内历史最长、保存最为完好的地震堰塞湖，而且在世界上也“极为鲜见”，2001年被国家地震局批准为“黔江小南海国家地震遗址保护区”和“全国防震减灾科普宣传教育基地”。

▷地震堰塞湖——小南海

△地震滚石奇观

▽地震滚石

长江三峡（重庆）国家地质公园奉节园区

Chongqing Fengjie Subarea of Yangtze Three Gorges National Geopark

长江三峡（重庆）国家地质公园奉节园区

长江三峡（重庆）国家地质公园奉节园区（以下简称“园区”）于2004年获国土资源部批准，位于重庆市东北部、奉节县东部。规划总面积为156.99km^2，包括瞿塘峡景区、天坑－地缝景区和龙桥河景区。

园区是以晋宁运动、燕山运动和喜马拉雅运动共同作用下发育形成的峡谷地貌、岩溶地貌、水体景观等为主要景观，融三国文化、土家民族文化等人文自然景观为一体，具有科学考察、科普教育、游览观光、休闲度假等多功能的综合性国家地质公园。是世界上罕见的集天坑、地缝、山水和人文景观为一体的天然地质公园，地质遗迹景观包括天坑、地缝、溶洞、天生桥、峡谷以及各类水体景观，具有突出的典型性和完整性，是一本学习地壳演变历史的教科书，具有极其重要的科学价值和美学价值。

小寨天坑深度达600余米，是世界上深度最大的天坑，对于研究天坑的形成机制和过程有着重大的科学意义和价值，其科学研究价值也是遥遥领先世界范围内其他大型天坑的。

▽小寨天坑

▷小寨天坑

▷小寨天坑地下水出口

◁峡谷——天井峡地缝

▽天井峡地缝入口

▷九盘河峡谷

▽旱夔门

夔门，又名瞿塘峡、瞿塘关，瞿塘峡之西门。三峡西端入口处，两岸断崖壁立，高数百丈，宽不及百米，形同门户，故名。长江上游之水纳于此门而入峡；是长江三峡的西大门，峡中水深流急，江面最窄处不及50m，波涛汹涌，呼啸奔腾，令人心悸，素有“夔门天下雄”之称。因瞿塘峡地处川东门户，故又别称夔门。

△ 夔门大炮

▽ 夔门

△地裂缝——十字缝

▽峰丛洼地

◁云海

◁角形石——猴子拜观音

△角形石——鳄鱼出洞

◁角形石——巨象探泉

重庆云阳龙缸国家地质公园

Chongqing Yunyang Longgang National Geopark

重庆云阳龙缸国家地质公园

重庆云阳龙缸国家地质公园于 2005 年获国土资源部批准，位于重庆市云阳县境南部。公园以典型的喀斯特地貌为主，在岩溶、重力崩塌、流水侵蚀的作用下形成了千姿百态的地貌景观与奇峰异石，集天坑、峡谷、溶洞、高山草场、森林、土家风情于一体，被旅行者称为长江三峡最后的“香格里拉”，被户外爱好者誉为重庆版的“小华山”。2015 年，世界级普安恐龙化石群的发现，极大地丰富了云阳龙缸国家地质公园的地质内涵。

龙缸天坑深 335m，坑壁峭壁陡直，倾斜幅度近 90°，这种直上直下的形态在世界上极为罕见，享有“天下第一缸”的美誉。

▽岩溶地质——龙缸天坑

△ 三峡梯城

▽ 流水侵蚀地貌——石笋河峡谷

△ 岐山草场

▽ 老寨子

△ 云端廊桥

▽ 岩溶峡谷

▽ 普安恐龙化石群发掘现场位置

△ 发掘现场

普安恐龙化石群具有分布时代跨度大、分布密集且范围广、种类丰富、异地集群埋藏等特点，且自流井组较为丰富的恐龙化石填补了世界上早侏罗世晚期—中侏罗世恐龙时空分布上的空白。目前已形成了长150m、厚2m、高8m的“恐龙化石墙”，墙体面积1155m^2，含17个化石富集小区。已确定含有基干蜥脚形类、蜥脚类、兽脚类、鸟脚类、剑龙类五大类恐龙化石，属于世界级恐龙化石群，具有极高的科研科普价值。

▽ 化石墙现场测量

重庆万盛国家地质公园

Chongqing Wansheng National Geopark

重庆万盛国家地质公园

重庆万盛国家地质公园于 2009 年获国土资源部批准，以具有一定规模和分布范围的奥陶纪岩溶地貌、峡谷地貌、水体地貌、泉流瀑布景观、暗河、溶洞及地层剖面、古生物化石等丰富的地质遗迹为主要内容，还包括丰富的动植物资源，并融合了自然景观和独特的古夜郎和红苗历史等人文景观的一处综合性公园。

▽ 岩溶地貌——龙鳞石海

△ 岩溶地貌——千岩竞秀

▽ 岩溶地貌——漫游石林

万盛石林地质遗迹展现了地球 4 亿多年的漫长演化历史，比路南石林、泥凼石林还要早两 亿多年，比贵州黄果树天星桥石林要早近 3 亿年。

万盛石林蕴藏着丰富的古生物化石群落。中奥陶世宝塔组灰岩中的距今约 4 亿多年的古生物化石——中华震旦角石（*Sinocersa chinensis*），为万盛石林一绝。中华震旦角石因生存的地质年代相对较短，分布广泛，层位稳定，其化石可用来鉴定岩层沉积的年代，被地质学家确定为“标准化石”，具有重要的科学研究价值和精确的地层对比意义。

万盛石林在中奥陶世宝塔组中普遍发育有典型而奇特的龟裂纹构造，其密布在灰岩之上，犹如龙鳞层衣，具有很高的美学价值和观赏价值，对龟裂纹构造的成因研究具有较高的科学研究价值。

▽ 石扇

▷ 水中石林

◁岩溶地貌——龙鳞石海一线天

▷岩溶地貌——石鼓

黑山谷峡谷总长 13km，峡窄、高差大，且包含了断裂、褶皱、钙华地貌、溶洞、暗河、钟乳石、水景瀑布、层流泉等丰富的地质遗迹类型。

▷黑山谷枫香桥

▷黑山谷深谷滴翠

▷黑山谷浮桥

▷黑山谷标志石

▽黑山谷栈道

▷黑山谷之秋

▽黑山谷瀑布

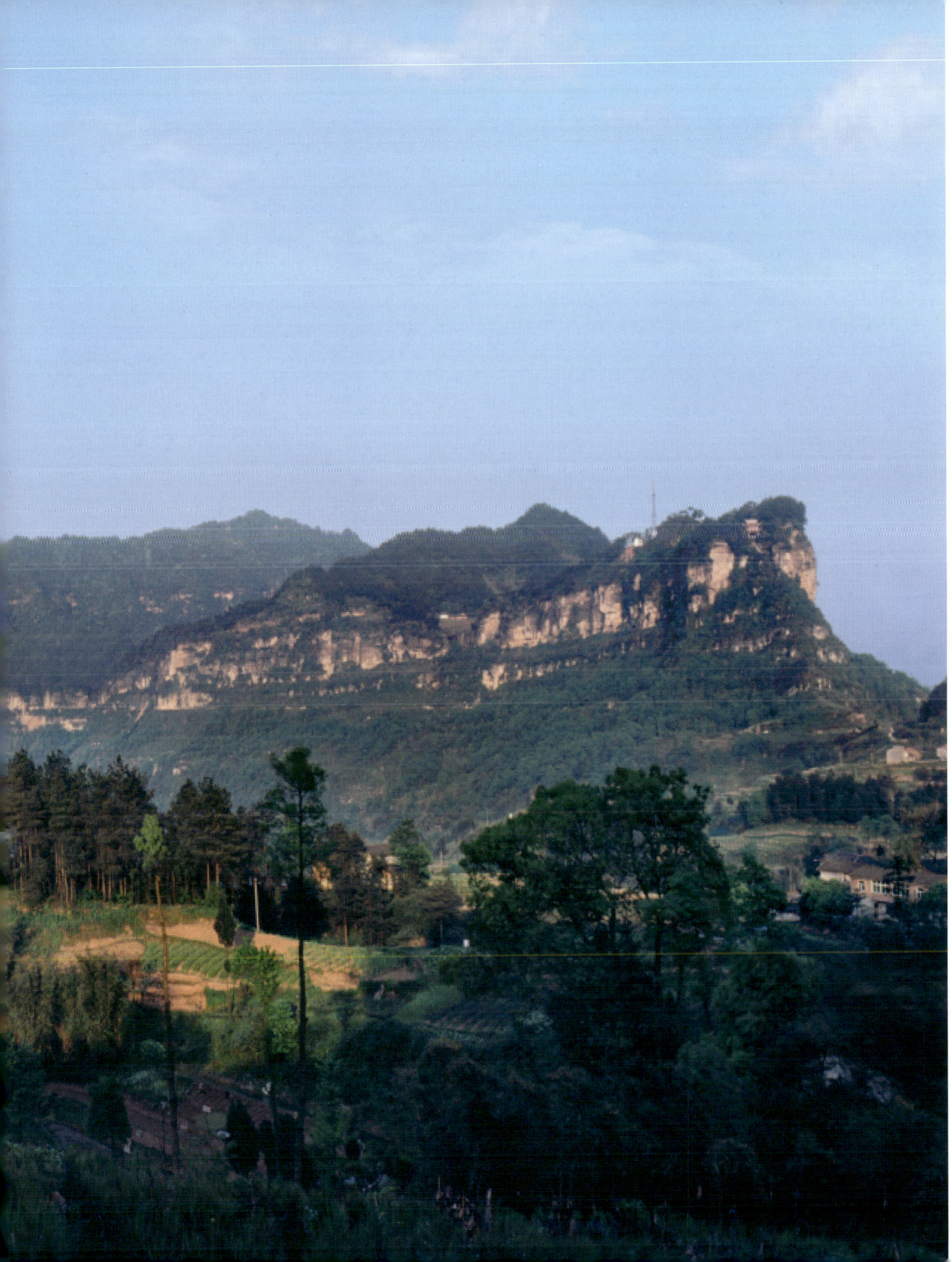

重庆綦江国家地质公园
Chongqing Qijiang National Geopark

重庆綦江国家地质公园

重庆綦江国家地质公园于2009年获国土资源部批准，位于重庆市綦江区境内的北部，包括綦江区古南镇、三角镇、石角镇、三江镇和永新镇的部分区域。总面积99.8km^2，分为木化石园区、老瀛山园区和古剑山园区。

公园以中生代白垩纪形成的丹霞地貌以及产于侏罗系沙溪庙组中的木化石群和白垩系夹关组中的恐龙足迹群为特色。其中马桑岩的木化石，硅化和钙化共生，堪称一绝，表面保存完整的树皮煤，国内罕见；莲花保寨的恐龙足迹，迄今为止是中国西南地区中白垩统发现的最大规模的恐龙足迹群，也是中国首次发现的甲龙亚目的足迹。公园的丹霞地貌分布广泛，甲秀西南，是丹霞地貌集大成者。

◁白云梯田

△红岩坪丹霞地貌

▽象形石——人面像

古生物化石遗迹

木化石园区面积约 1.2km^2。有大小木化石 29 根以及枝条和碎块共 60 余处，其中 8 根规模较大。木化石产于中侏罗统沙溪庙组中，距今约 1.5 亿年，为原生地层产出，物质成分有硅化和钙化两种，木化石外附着树皮，为国内所罕见。

老瀛山园区面积约 52.1km^2。园区内共发现恐龙化石点 4 处，其中 1 处为恐龙遗迹化石群，3 处为恐龙骨骼化石点。在红岩坪莲花保寨陡崖的凹腔内的 329 个足迹，是我国西南地区中白垩系迄今为止发现的最大规模的恐龙足迹群。包含甲龙亚目的中国綦江足迹、兽脚亚目的敏捷舞足迹和鸟脚亚目的炎热老瀛山足迹和莲花卡利尔足迹等新属种，其中中国綦江足迹是中国首次发现甲龙类的足迹，另外还有恐龙皮肤和毛发的印痕、恐龙粪便等化石。恐龙足迹造迹于白垩系夹关组紫红色石英砂岩中，这套砂岩地层形成的丹霞赤壁，雄奇壮美、叹为观止。

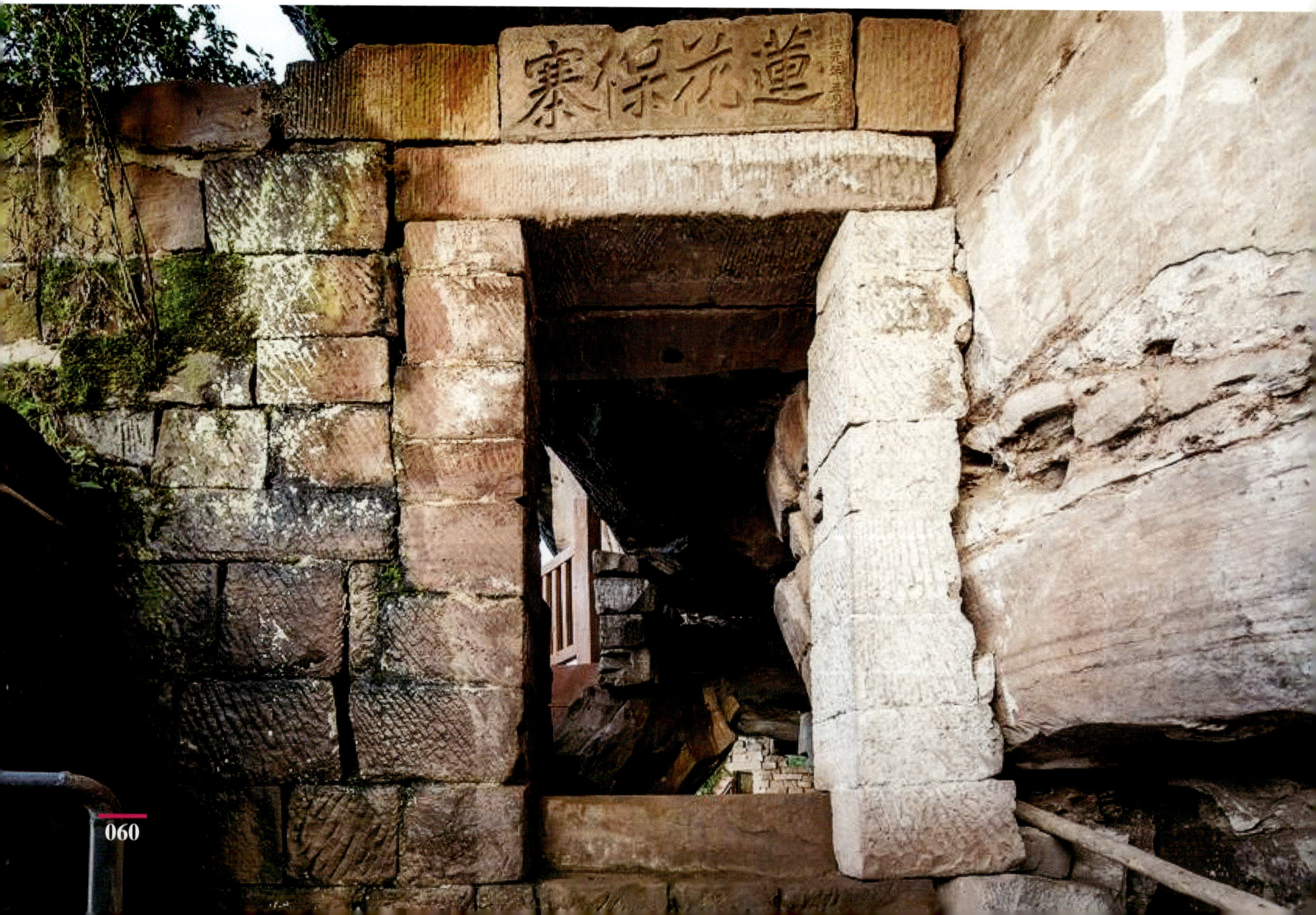

△恐龙足迹化石大厅

▽亲子关系行迹图

▷凹形足迹

▷鸟脚类恐龙足迹

▷幻迹

▷兽脚类恐龙足迹

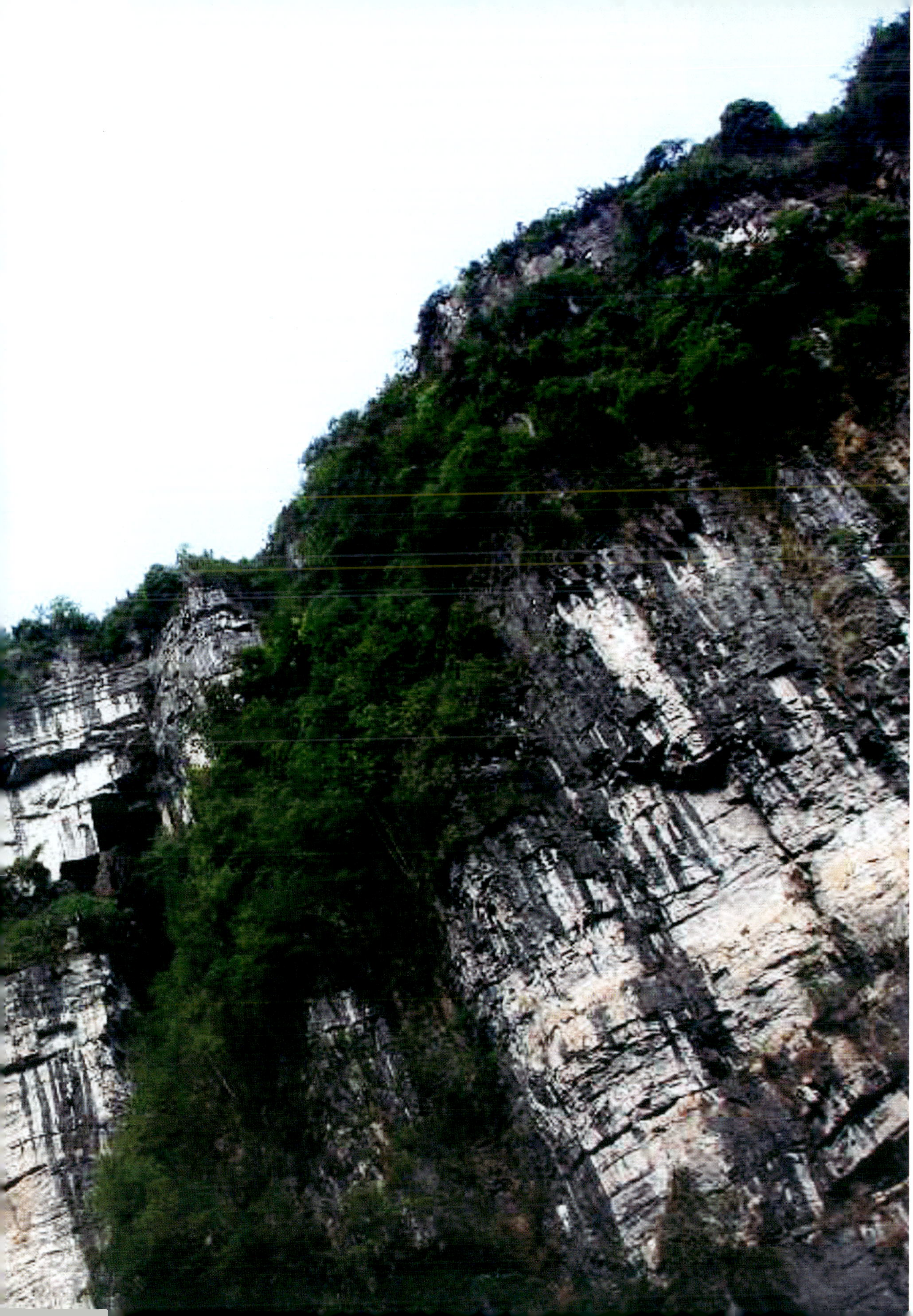

重庆酉阳国家地质公园
Chongqing Youyang National Geopark

重庆酉阳国家地质公园

重庆酉阳国家地质公园于2011年获国土资源部批准，总面积为188.9km^2，是以岩溶峰丛峡谷地貌、地下岩溶洞穴自然景观为主体，山水风景与历史文化人文景观融为一体的综合性大型地质公园，分为乌江画廊、桃花源－酉洲仙境、龙潭古镇3个园区。

地质公园内的岩溶洞穴和岩溶地貌景观资源主要有晶花洞、川涧洞、酉洲仙境；桃花源大酉洞、伏羲洞、逍遥洞；龙潭溶洞、龙潭沟暗河；天仙洞、红花村硝洞、罾潭凉风洞、小银村溶洞；万木石林、燕子岩天坑；桃花源天坑、金银山、玉祖峰、小坝峰丛；红星村岩溶峰丛、红溪村峰丛、板溪洼地峰丛、板溪－楠木峡谷峰丛岩溶地貌。

▽ 酉阳桃花源

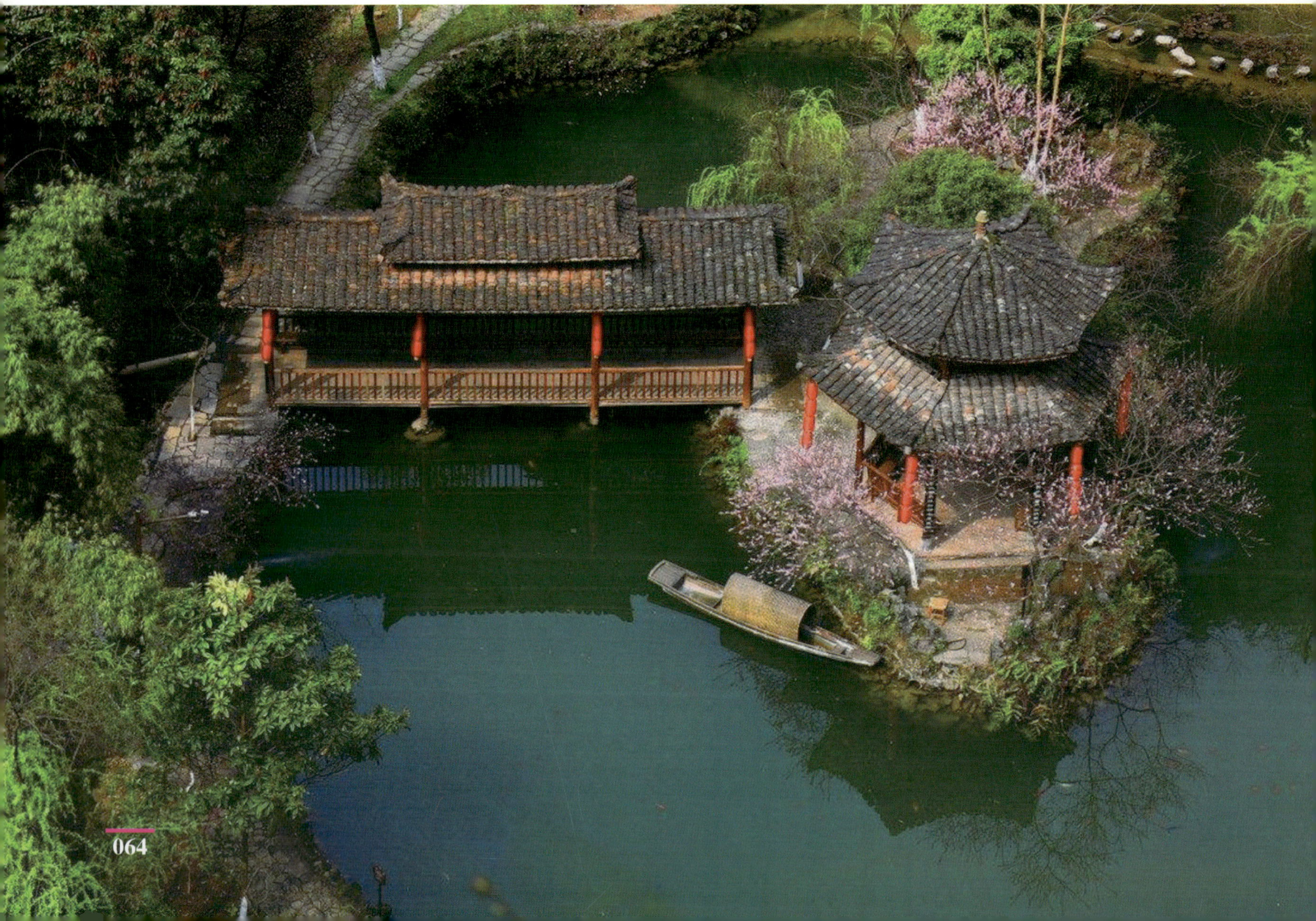

▽ 万木石林

◁万木石林

▷龚滩古镇

木王客栈

◁巨型石幔

▷碧流石——石菊花

▽飞溅水沉积现象

石珍珠

多层晶花与石珍珠

鹅管 云盆

石毛

石膏花

石葡萄

鹅管 石毛 卷曲石

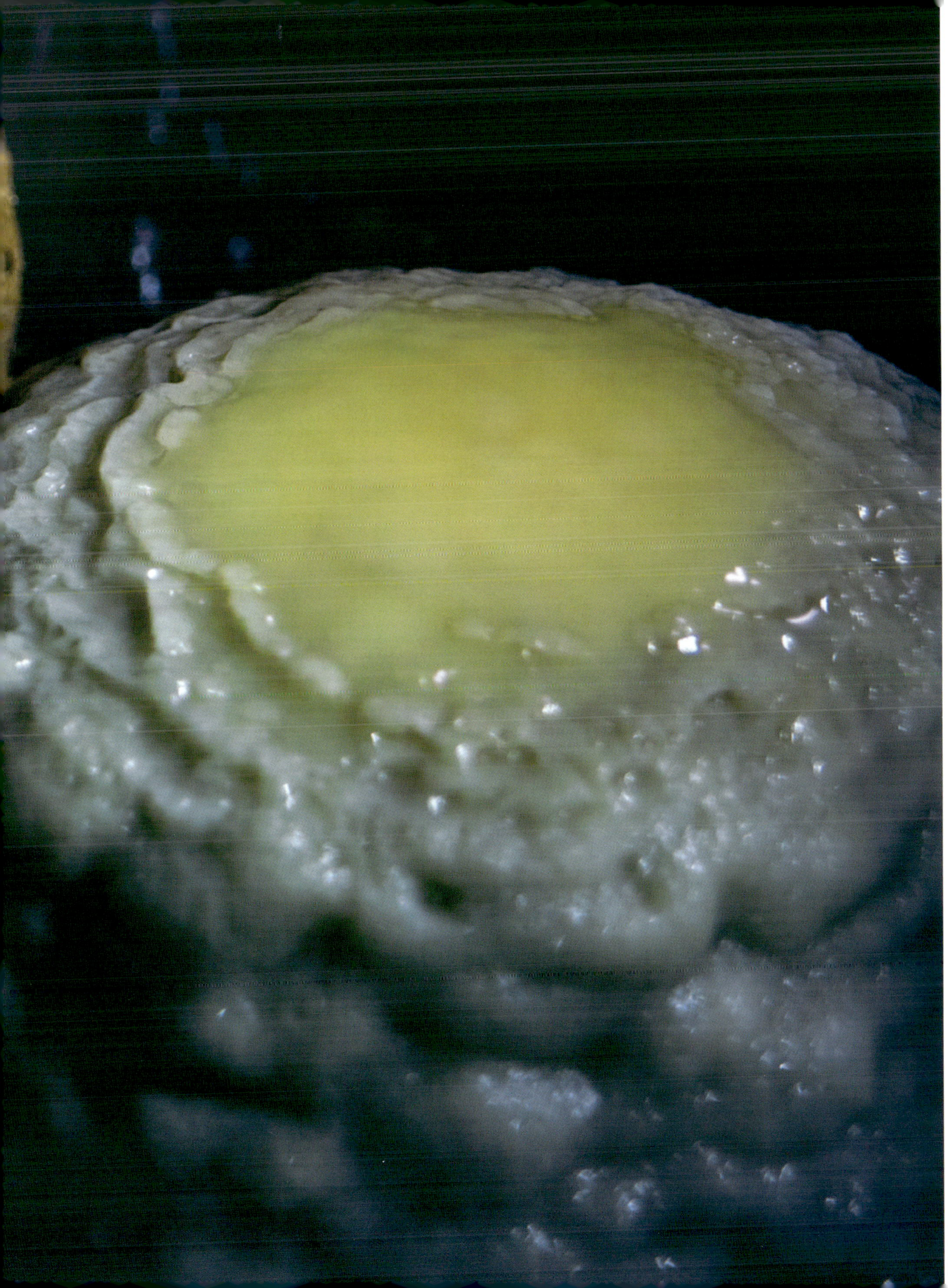

重庆石柱七曜山国家地质公园
Chongqing Shizhu Qiyaoshan National Geopark

重庆石柱七曜山国家地质公园

重庆石柱七曜山国家地质公园于 2017 年获国土资源部批准，位于中国重庆市石柱土家族自治县东南部。

公园总面积 125km^2，分为七曜山、金铃、马盘溪、大小锅圈 4 个景区。公园是以侏罗山式褶皱构造为主休，以地貌景观为主要地质遗迹，融合传统古村落、土家风情、巾帼英雄秦良玉等人文历史景观，具有典型西南岩溶景观的综合性地质公园。地质公园内七曜山段长达 22km，是整个七曜山山脉海拔最高、切割最深、纵向最宽、最具构造地貌特色及代表性的地带。

▽ 七曜山岩溶槽谷

▷大缺洞褶皱断面

△ 龙骨栈道

▽ 七眼泉

△ 层孔虫

△ 虫迹化石

▽ 石林

△石柱

▽洞穴沉积物——双黄蛋

▷石瀑

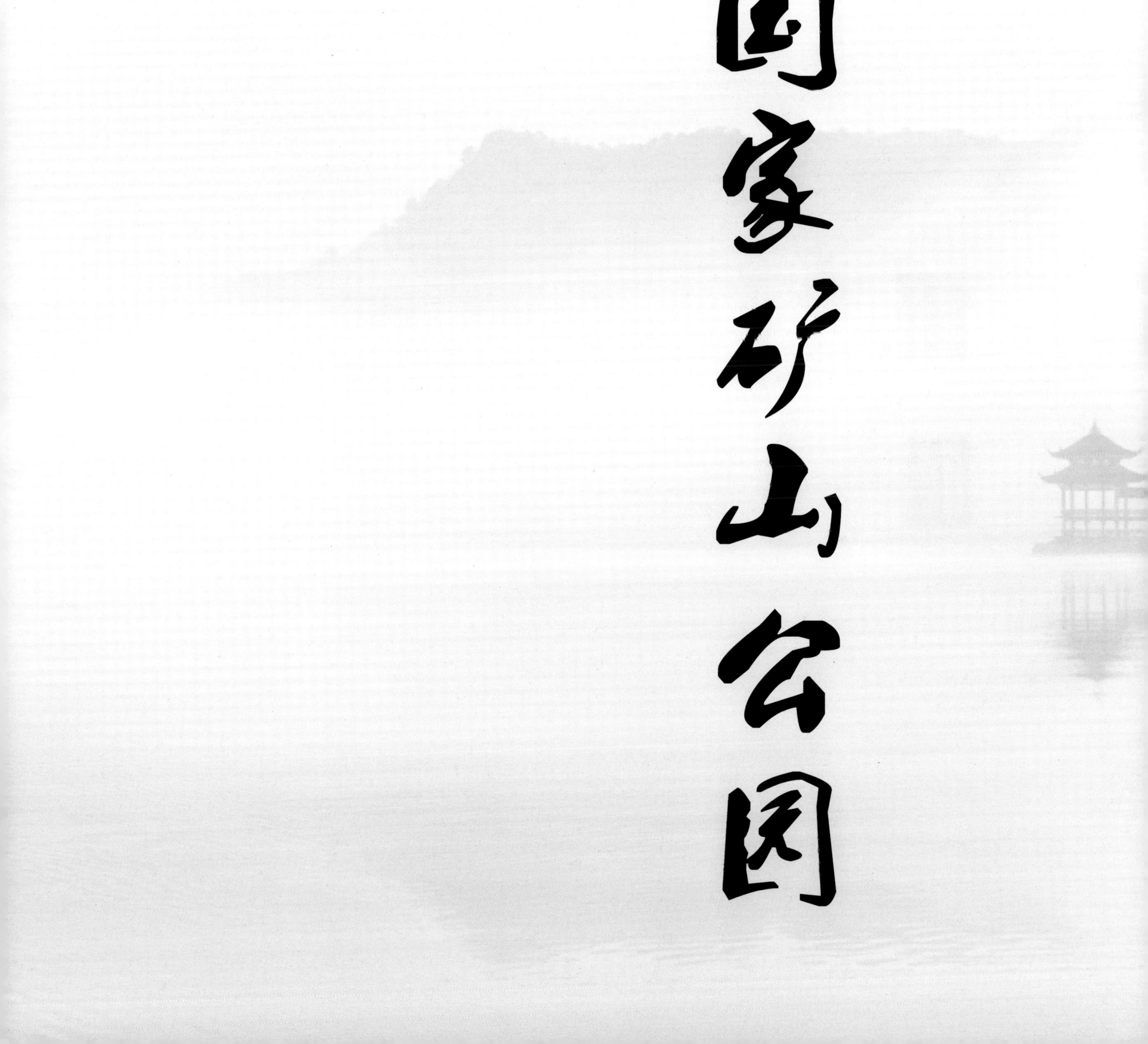

国家矿山公园

重庆江合煤矿国家矿山公园

Chongqing Jianghe Coal Mine National Mining Park

公园管理服务区
铁路沿线风光区
海底沟水游览区
生活缓冲控制区
矿山工业游览区
矿山生态恢复
矿山生活游览区

重庆江合煤矿国家矿山公园总体规划

功能结构分布图

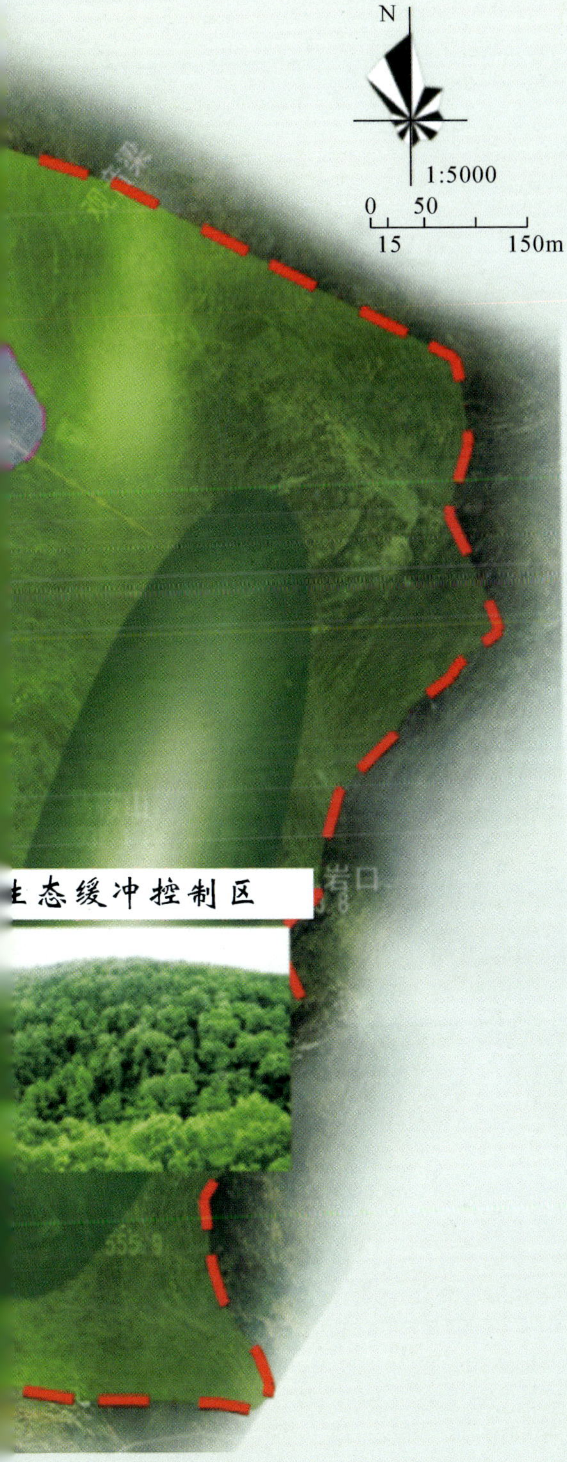

重庆江合煤矿国家矿山公园

重庆江合煤矿国家矿山公园位于重庆市北碚区复兴镇歇马村石牛沟，总体面积 1.81km^2。

▽ 海底沟地下水库平硐

重庆江合煤矿具有深厚的历史文化底蕴，诞生于 1810 年，开采历史悠久，是重庆第一个与英商通过司法途径争夺回来的优质煤示范基地。

200 年的开采历史，形成了丰富的、特色鲜明的矿业遗迹。如我国西部第一条铁路——石狮拖路，它是中国人民在西南复杂地层中修建铁路的创新能力的表现；由平硐突水治理形成的海底沟地下水库，是我国第一次成功利用矿区的岩溶水系统修建的地下水库，解决了当地的灌溉问题，为我国矿井水害防治提供了宝贵的经验；矿山开采中留下的大量矿井、巷道为研究我国西南山区极薄急倾斜煤层的形成原因、开采工艺、运输手段留下了宝贵的证据。此外，民国时期修建的碉楼以及其他大量具有鲜明地方特色的矿业遗迹至今仍保存完好，具有重要的历史文化价值。

▽ 柴油机车煤仓装车

◁ 绞车斜坡井井口

△运煤小火车

▽煤矿石

◁ 保存完好的条石碉楼

▽ 海底沟地下水库引水渠道

重庆万盛国家矿山公园

Chongqing Wansheng National Mining Park

1. 公园南入口
2. 停车场
3. 观光火车站点
4. 游客集散中心
5. 水上汀步
6. 砚石台社区
7. 沙砾滩
8. 矿山公园博物馆
9. 砚石台矿业遗迹展示园
10. 运煤桥
11. 地下矿井体验入口
12. 主题酒店（宿舍改造）
13. 桃源民俗村
14. 生态登山步道
15. 滨河林荫道
16. 亲水平台
17. 红叶谷
18. 铁轨花园
19. 红岩矿工之家俱乐部
20. 红岩煤矿医院
21. 红岩煤矿生产区
22. 红岩缆车
23. 观景平台
24. 红岩工人村遗址
25. 瓦斯罐儿童乐园
26. 公园北入口

重庆万盛国家矿山公园导游图

重庆万盛国家矿山公园

重庆万盛国家矿山公园于 2017 年获国土资源部批准，面积为 6.38km^2，公园核心为砚石台煤矿和红岩煤矿。

▽ 海孔洞

▽ 砚石台

红岩缆车车道长约420m，高差约200m，轨道坡角达31°，建成于1970年，当年号称“亚洲最长的地面缆车”。至今保存完好，十分罕见，具有极高的科普教育和参观游览价值。

百年老矿在建设生产过程中留下了大量的矿产地质遗迹、矿业生产生活遗迹、矿业制品和文献史籍等，资源勘探、地质调查、开采工艺、生产工具、生产生活、运输工具、人文遗迹等各个遗迹类型保存完整，保护完善，内容十分系统。非常具有代表性和典型性，其开发史就是人们征服自然、改造自然、利用自然的社会生产发展史。

▽ 红岩缆车

▽ 主井运煤天桥

◁平硐职工实训基地

△ 矿洞遗迹

▽ 架空人车

▷ 砚石台煤矿——煤仓

重庆渝北铜锣山国家矿山公园

Chongqing Yubei Tongluoshan National Mining Park

重庆渝北铜锣山国家矿山公园

重庆渝北铜锣山国家矿山公园于2017年获国土资源部批准，位于重庆市主城渝北区东北部石船镇，公园面积24.15km^2。

铜锣山石灰岩矿坑群是公园的主要矿业遗迹。共有规模不等、形态各异的矿坑41个，其南北绵延10km，采矿形成的矿坑呈串珠状镶嵌在铜锣山间，形成了独特的矿坑奇景。

▽ 露天采坑全景

重庆渝北铜锣山国家矿山公园规划平面图

1. 公园入口大门
2. 矿坑湿地花园（CK1）
3. 360° 观景环道（CK2）
4. 青少年探险乐园（CK3）
5. 石壁千亩临空都市花海观光基地
6. 翡翠湖（CK8）
7. 游客接待中心
8. 生态农业园
9. 天成寨
10. 矿山公园博物馆（CK10）
11. 花仙子动漫儿童乐园（CK11/12）
12. 矿坑植物园（CK13/14）
13. 温室花园（CK15/16）
14. 岩生花卉园（CK17/18/19）
15. 矿工之家主题酒店（CK20/21）
16. 艺术田园
17. 关兴文创小镇
18. 矿山历史文化广场
19. 关口老街
20. 矿坑创意雕塑园（CK22/23/24）

21．沙树湾古寨
22．户外剧场（CK25/26/27/28）
23．范家洞
24．保成寨
25．直升机观光服务中心（CK29）
26．大地景观艺术公园（生产设备陈列展示）（CK30/31/32）
27．曾家庙
28．矿坑极限运动公园（CK33/34/35）
29．山地车主题乐园
30．山林健身步道
31．湿地公园
32．三王庙
33．鸟笼观景台
34．悬崖酒店（CK39/40/41）
35．天坪寨
36．天坪云顶养生度假中心
37．房车营地
38．李家寨
39．天坪千亩果乡四季水果基地
40．居民安置点

◁露天采矿矿坑

△ 露天采坑

▽ 无水矿坑

▽ 无水矿坑

◁工业建筑遗迹

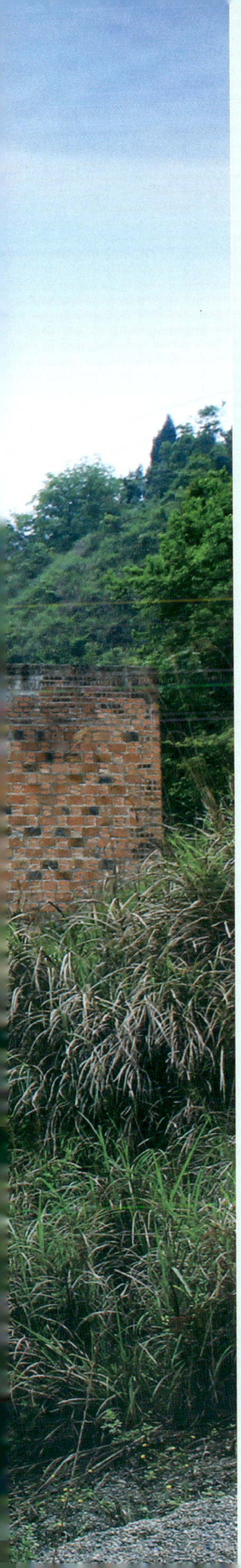

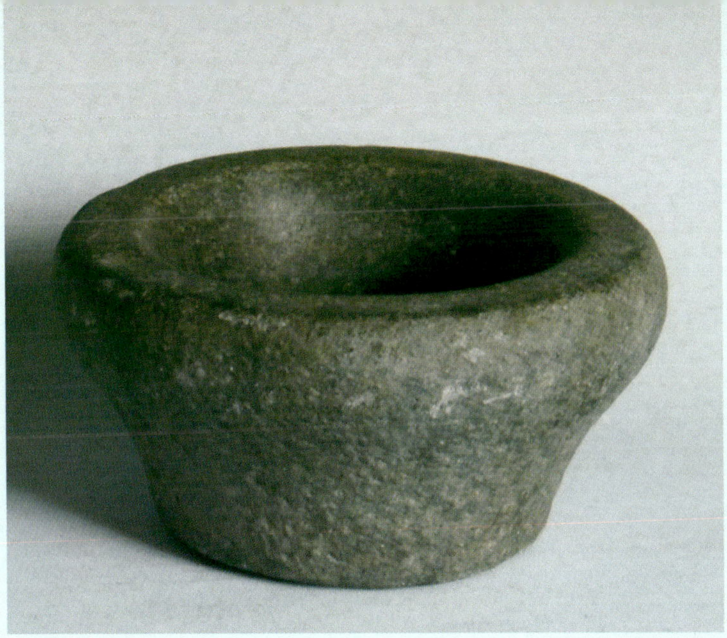

△石灰岩制品——石臼

▽石灰岩制品——石臼

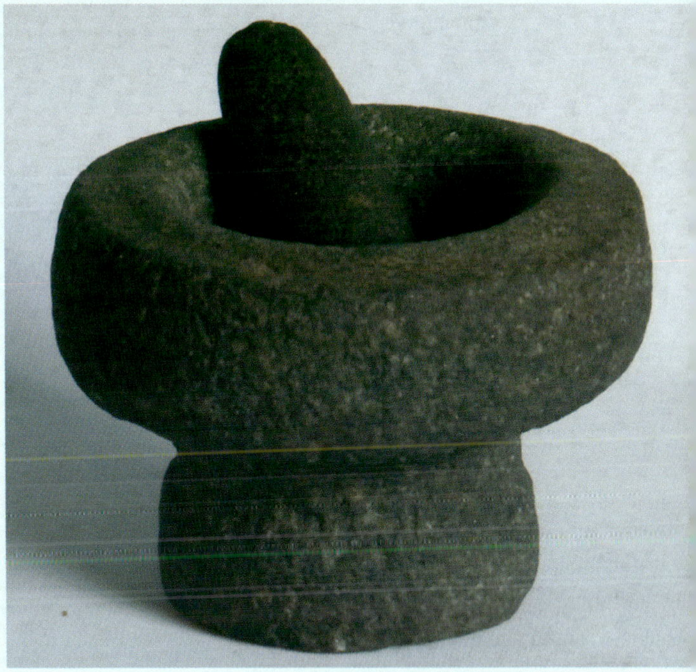

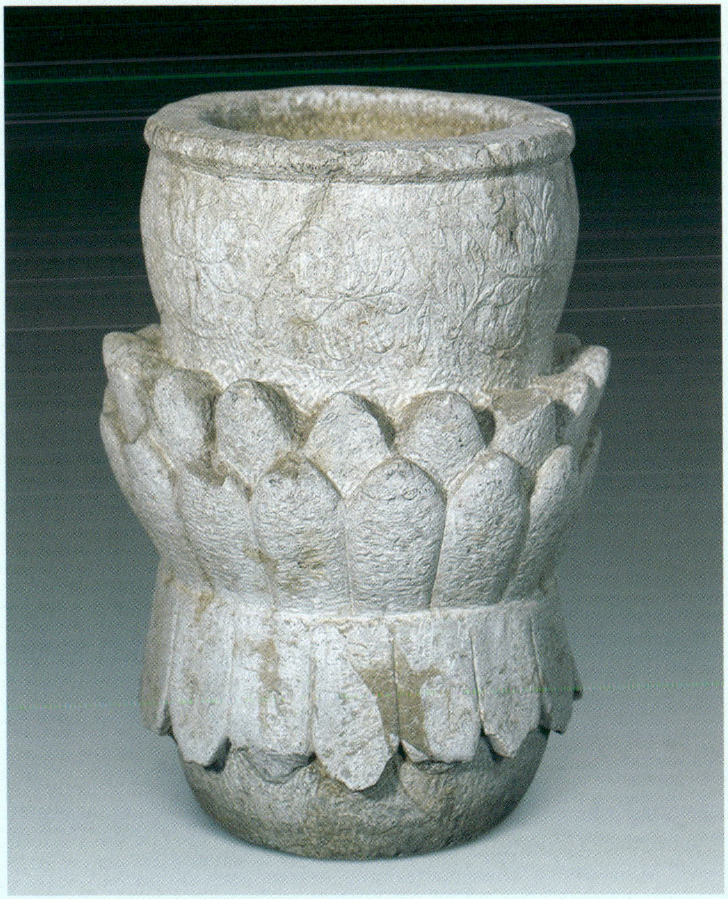

△石灰岩制品——石花盆

▽石灰岩制品——石狮子

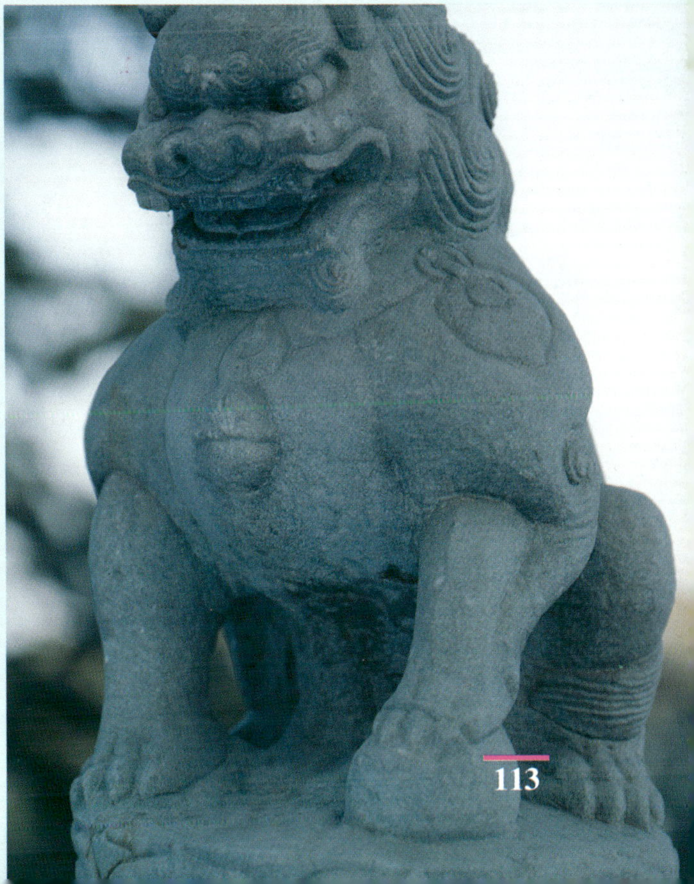

市级地质公园

重庆秀山川河盖市级地质公园

Chongqing Xiushan Chuanhegai Geopark

重庆秀山川河盖市级地质公园

重庆秀山川河盖地质公园位于秀山县境内东北部的龙池镇、涌洞乡、干川乡、海洋乡、石堤镇。公园总面积67.35km^2。其中川河盖园区面积43.05km^2，一枝园园区面积24.30km^2。秀山川河盖地质公园以构造地貌、岩溶地貌和碎屑岩地貌为主体，融流水地貌景观、水体景观等于一体。

▽ 石柱峰

△ 锯齿岩

▽ 芭茅草场

市级地质公园

（拟建）

拟建重庆彭水地质公园

Proposed Chongqing Pengshui Geopark

拟建重庆彭水地质公园

拟建重庆彭水地质公园于 2015 年完成申报前期论证工作，地处重庆市东南部，乌江下游，距重庆市区约 180km。拟建公园申报面积 316km^2，由郁山、乌江画廊两个园区构成，其中郁山园区面积为 130km^2，乌江画廊园区面积为 186km^2。

▽ 边池坝——水杯洞

拟建公园以岩溶地貌、流水侵蚀地貌和水体景观为主体，以极具历史人文底蕴的盐泉和明伏流交替出现的水体景观为特色，兼有地质构造、地层剖面、古生物遗迹等景观。

▽ 地下暗河——水杯洞

◁后照河

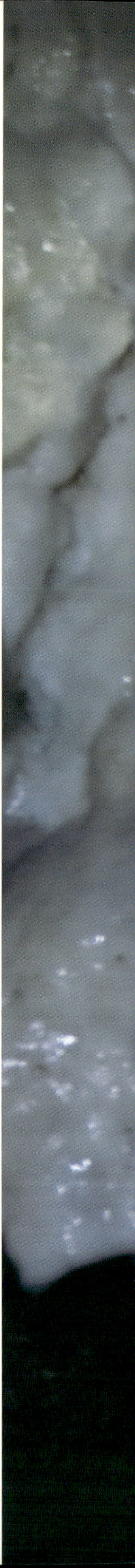

▷石幔——半坡凉洞

▽ 石钟乳

△石莲花

▽鞍子硝洞

▽ 迷幻雪宝山

拟建重庆城口地质公园

Proposed Chongqing Chengkou Geopark

拟建重庆城口地质公园

拟建重庆城口地质公园于 2016 年完成申报前期论证工作。

拟建公园以岩溶地貌、流水侵蚀地貌和地质构造为主体，以极具历史底蕴的古生物化石和宏伟壮观的地质构造为特色，兼有地质构造、地层剖面、古生物遗迹等景观。

拟建公园申报面积 325km^2，由周溪 - 明通园区和双河 - 庙坝园区组成，其中周溪 - 明通园区面积为 130km^2，双河 - 庙坝园区面积为 186km^2。

▽ 巴山湖国家湿地公园

▽ 九重山二道峡

◁阳物峰

△ 海百合化石

▽ 平安村石林

◁ 夏冰洞

▷ 夏冰洞

拟建重庆巴南地热地质公园

Proposed Chongqing Ba'nan Geothermal Geopark

拟建重庆巴南地热地质公园

拟建重庆巴南地热地质公园于 2016 年完成申报前期论证工作，地处重庆市巴南区的东部及西部，总面积 100.1km^2，分为南温泉 - 桥口坝园区和东温泉园区。是一个以温泉水体景观和岩溶地貌景观为主要特色，兼具地质构造、流水侵蚀地貌、河流、瀑布水体景观等为一体的地质公园。

▽ 东温泉远眺

△ 鸟瞰东温泉

▽ 温泉景观

△ 边石坝——姜家溶洞金盆洗手

▽ 石旗——雾露洞

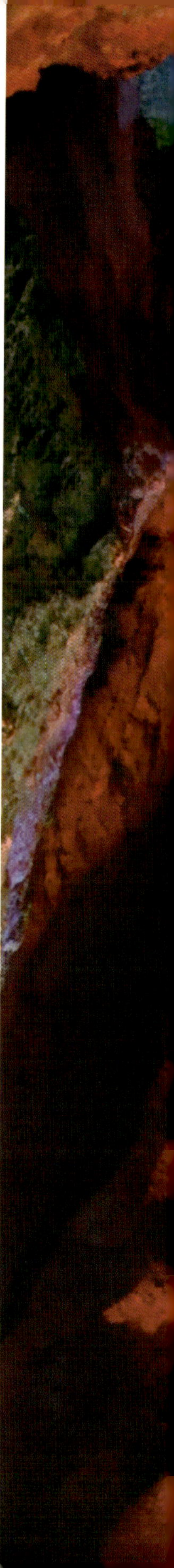

▷ 石柱——琵琶洞大厅

△ 热洞

岩溶地貌——万卷诗书

流水侵蚀地貌——虎啸悬流

瀑布景观——峭壁飞泉

拟建重庆合川地质公园

Proposed Chongqing Hechuan Geopark

拟建重庆合川地质公园

拟建重庆合川地质公园于2017年完成申报前期论证工作，拟申报面积118.18km^2，其中太和－大石园区面积为70.65km^2，三汇－清平园区面积为47.53km^2。

拟建公园地质遗迹资源丰富，种类齐全。区内北碚－合川三叠系至侏罗系地质剖面（合川段）出露良好、界线清楚、富含古生物化石，具有极高的科研科考价值；合川马门溪龙化石是迄今为止我国发现的保存最完整的蜥脚类恐龙化石，被评为“中国百年十大最著名恐龙”之一；此外，华蓥山基底断裂带、三汇石林岩溶地貌、斗牛石、观赏石等景观保存状况较好，科研价值极高，为地质公园的申报奠定了扎实的基础。

◁合川马门溪龙复原骨架

△驰菊石

▽巨鳞鱼化石

▽大石马门溪龙化石

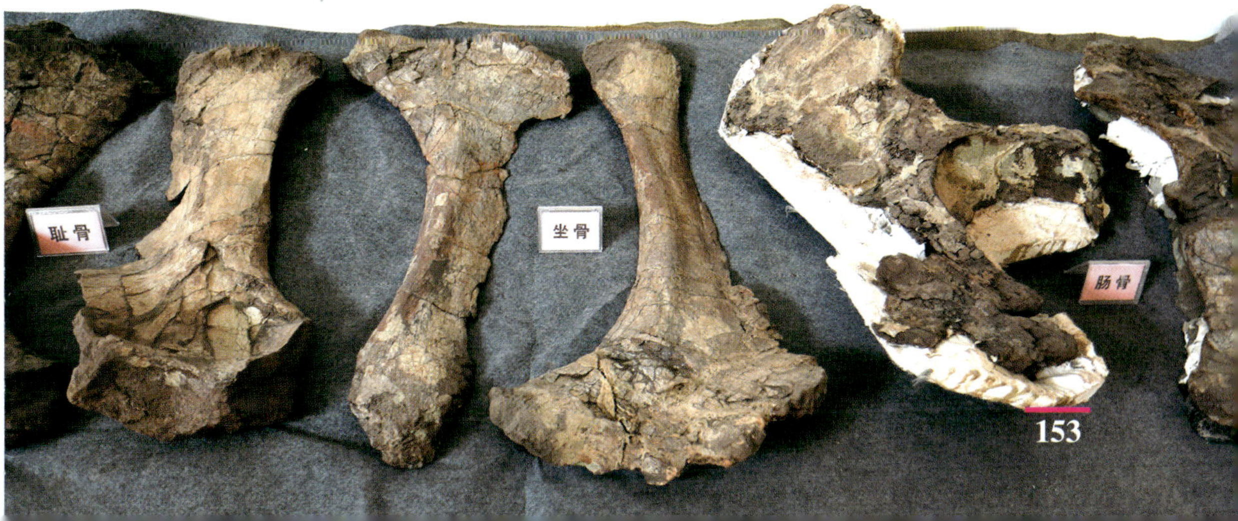

◁大石马门溪龙化石模型

▽马门溪龙化石修复

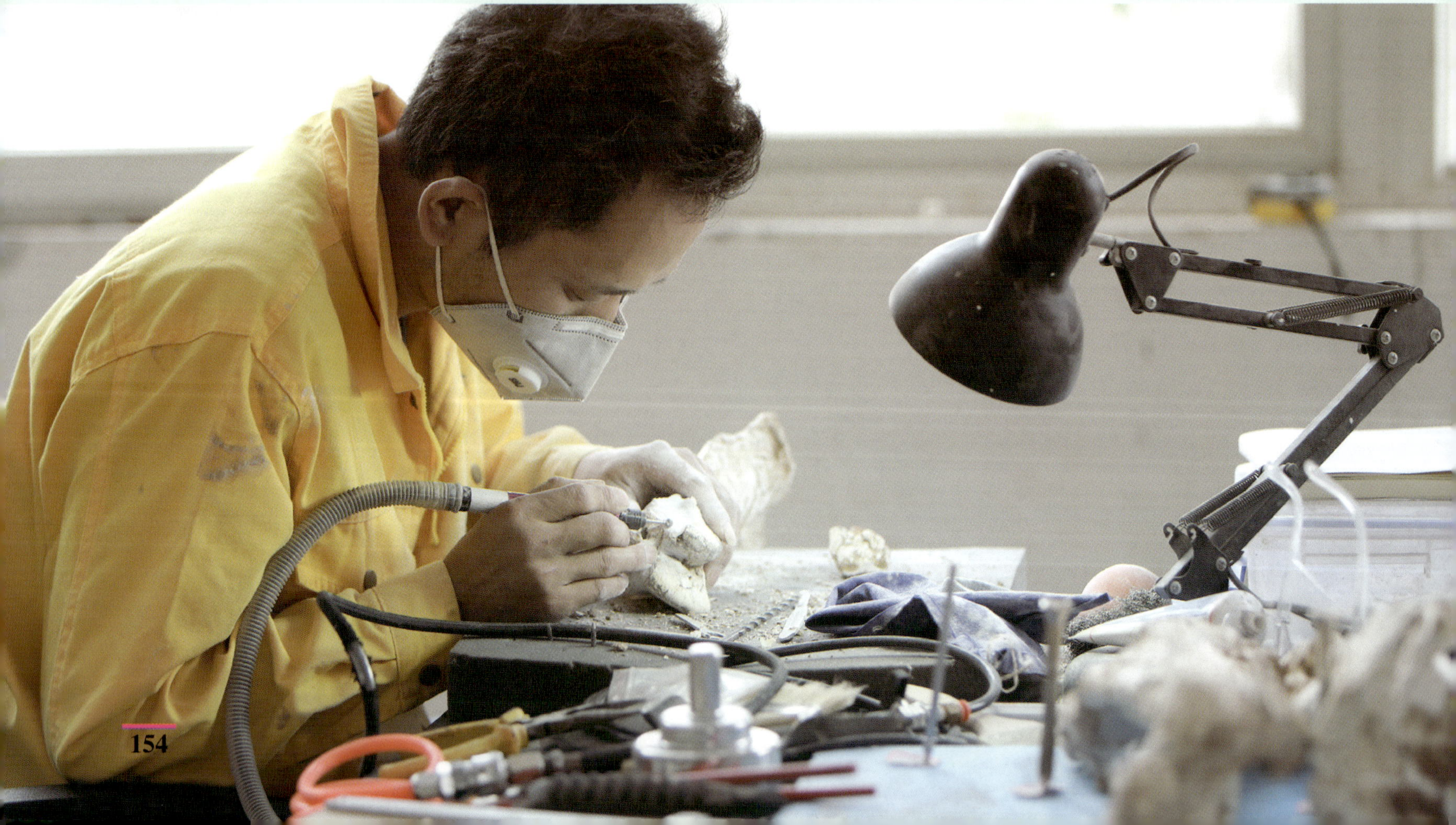

◁大石马门溪龙骨骼

△大石马门溪龙发掘现场

▽斗牛石

△ 三叠系至侏罗系地质剖面

▽ 球状风化

▷ 三汇石林

▽ 双龙湖

致谢

重庆之美，美在神奇的自然风光，美在多彩的民俗风情，美在厚重的人文风韵。本书牢牢把握重庆“山水之城 · 美丽之地”目标定位，以地质的专业视角、通俗的表达语句、直观的展示方式向广大读者展示了重庆极致的地学风光、悠久的矿业历史和独特的人文底蕴，展现重庆“有山有水、依山伴水、显山露水”的独特魅力，传播了重庆“行千里 致广大”的气质。本书编制历时近一年，而今终于揭开了神秘面纱，呈现在广大读者面前。

在此，首先感谢重庆市规划和自然资源局（原重庆市国土资源和房屋管理局）各级领导对于本书的高度重视和殷切关心；感谢重庆地质矿产研究院（以下简称“地研院”）李大华院长作出“集全院之精英，举全院之力量做好本书”的英明决策；感谢地研院刘东副书记定期组织咨询会，为本书的编制工作献计献策；感谢地研院秦代伦、陈坤和程礼军副院长在本书编制过程中多次关心和慰问身处“一线”的编制人员，为他们提供了强有力的后勤保障；感谢重庆市各地质（矿山）公园所在地政府相关部门的大力支持，为本书编制过程中的资料搜集、数据获取等提供便利和保障。

本书的顺利出版离不开众多专家的悉心指导，尤其要感谢陈安泽、任幼蓉、魏光飚、刘安云等专家，他们深耕地质行业几十年，把本书涉及的地学知识耐心且无私地传授给编制组成员，多次参与本书的审阅和修改，为本书的编制提供了宝贵的意见和建议。

感谢与我共同参与编制的兄弟姐妹们，他们是马磊、阳畅、甘夏、赵幸、杨瀚、蒙丽、张俊凡、康武略、刘兴鑫、彭海游、李满意等。感谢你们对本书编制工作的付出，与你们一起并肩作战是我的荣幸，与你们的友谊是我收获的一笔宝贵财富。另外，还要感谢本书中没有找到出处的图片拍摄者，是他们拍摄的精美图片为本书增光添彩。让我们齐心协力，不忘初心，砥砺前行，继续用我们的地学专长为将重庆建设成为“山水之城 · 美丽之地”添砖加瓦，为重庆市乃至全国的地学科普事业做出更大的贡献！

陈　思

参考文献

北京市地质矿产勘查开发总公司 . 重庆酉阳国家地质公园综合考察报告 [R].2011.5

重庆地质矿产研究院 . 长江三峡（重庆）国家地质公园奉节园区规划文本（2016—2025）[R].2016.3

重庆市綦江县人民政府，重庆市地质矿产勘查开发局，川东南地质大队 . 重庆市綦江木化石—恐龙遗迹地质公园综合考察报告 [R].2006.11

重庆市云阳县人民政府，成都环境地质与资源开发研究所，重庆市云阳县国土资源与房屋管理局 . 重庆云阳龙缸地质公园综合考察报告 [R].2004.11

石柱土家族自治县人民政府 . 重庆石柱七曜山国家地质公园申报书 [R].2017.10

四川省地质公园与地质遗迹调查评价中心 . 重庆黔江小南海地震遗迹国家地质公园综合考察报告 [R].2002.8

四川省地质公园与地质遗迹调查评价中心 . 重庆武隆岩溶国家地质公园综合考察报告 [R].2002.8

中国地质环境监测院 . 拟建重庆万盛国家地质公园综合考察报告 [R].2009.7